Searching Calculation 60

計算力がぐっと上がる！ 頭の回転が速くなる！

もっと コグトレ

さがし算60
●中級●

児童精神科医・医学博士 宮口幸治

はじめに：保護者の方・先生方へ

◆さがし算とは？

　「さがし算」とは、コグトレに含まれるトレーニングの一部です。"コグトレ"とは、「認知〇〇トレーニング（Cognitive 〇〇 Training）」の略称で、〇〇には

「ソーシャル（→社会面）Cognitive Social Training：COGST」

「機能強化（→学習面）Cognitive Enhancement Training: COGET」

「作業（→身体面）Cognitive Occupational Training: COGOT」

が入ります。子どもたちが学校や社会で困らないために3方面（社会面、学習面、身体面）から支援するための包括的プログラムです。「さがし算」は上記のCOGETにある数えるトレーニングの1つですが、単なる計算問題とは異なり、暗算が得意になる、計算スピードが速くなる、に加え、思考スピードが速くなる、短期記憶が向上する、計画力が向上するなど、さまざまな効果が期待される画期的な計算トレーニングです。

　通常の計算、例えば「3＋8＝？」といったものでは、計算が一方方向で解答も「11」と1つしかありません。しかし、さがし算では「足して11になる数字の組み合わせは？」といった具合に「11」になる組み合わせ（2と9、3と8、4と7、5と6）を格子状にならべた数字の中から探していきます。そのため常にいくつかの数字を頭に置きながら何パターンも計算し、それらがないか探していきます。

　格子を構成する数字（本書では2×2から最大5×5）が増えてきたり、答えとなる組み合わせが2つ以上（本書では1つ〜3つ）になってきたりすると、かなり複雑になってきます。それらをうまく探せるためには、すばやく暗算する力、数字を記憶しながら計算していく力、効率よく探す力などが必要です。

　実際に体験されると気づかれると思いますが、さがし算は計算問題ではあるものの通常の一方方向の計算問題とは違った思考回路を使う必要があります。それらは素早い思考と、いかに効率よくかつ正確に計算できるかといった計画力に基づいており、より高度な勉強の基礎にも通じるところなのです。お子さまがさがし算を使われ、計算が得意になるだけでなく、早期教育、受験勉強などより高度な学習の土台作りにお役に立てることを願っております。

立命館大学
児童精神科医・医学博士　**宮口幸治**

もっとコグトレ
さがし算 中級 目次

はじめに：保護者の方・先生方へ……3

- **さがし算をはじめる前に** 6
- **さがし算 とき方にチャレンジ！** 8

レベル1 ……12

使い方のヒント❶ 2×2は答えは4通りだけ

| No.1 | No.2 | No.3 | No.4 | No.5 |
| No.6 | No.7 | No.8 | No.9 | No.10 |

レベル2 ……24

使い方のヒント❷ 2つ足したものが、さがす数より大きくなれば、もうさがさなくていい

| No.11 | No.12 | No.13 | No.14 | No.15 |
| No.16 | No.17 | No.18 | No.19 | No.20 |

レベル3 ……36

使い方のヒント❸ 2つ足したものを、さがす数から引いて、それが10よりも大きければ、もうさがさなくていい

| No.21 | No.22 | No.23 | No.24 | No.25 |
| No.26 | No.27 | No.28 | No.29 | No.30 |

レベル4 ……48

| 使い方のヒント❹ | 3つさがす問題では、3つめがなかなかさがせない。最初からていねいにさがすしかない |

| No.31 | No.32 | No.33 | No.34 | No.35 |
| No.36 | No.37 | No.38 | No.39 | No.40 |

レベル5 ……60

| 使い方のヒント❺ | 見落としやすい組み合わせに注意しよう |

| No.41 | No.42 | No.43 | No.44 | No.45 |
| No.46 | No.47 | No.48 | No.49 | No.50 |

レベル6 ……72

| 使い方のヒント❻ | 集中力が続かないときは、声に出しながらやってみよう |

| No.51 | No.52 | No.53 | No.54 | No.55 |
| No.56 | No.57 | No.58 | No.59 | No.60 |

チャレンジ問題A・B ……85

● 答え ……86

さがし算をはじめる前に

　さがし算の元となる格子は、本書では以下のような2×2から5×5まであります。そして足してある数字になるものを探して〇で囲んでいきます。答えは1つあたり最大3つあります。

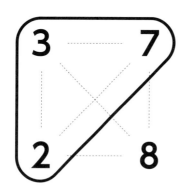

2×2の格子で答え1つの例
（3つ足して12になるもの）

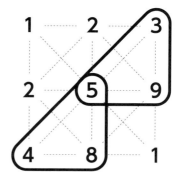

3×3の格子で答え2つの例
（3足して17になるもの）

◆本書の構成と使い方

本書は以下のようなレベル構成になっています。

- レベル1 ……2×2　答え：1つ　（計38題）
- レベル2 ……3×3　答え：1つ　（計38題）
- レベル3 ……3×3　答え：2つ　（計38題）
- レベル4 ……3×3　答え：3つ　（計38題）
- レベル5 ……4×4　答え：1つ　（計19題）
- レベル6 ……4×4　答え：2つ　（計19題）
- チャレンジ問題 ……5×5　答え：1つ　（計2題）

合計192題

　概ね小学3～4年生を対象にしていますがそれ以上の学年でも十分に取り組んでもらえます。
　小学3年生ではまずレベル1を中心に取り組み、さがし算に慣れた後はレベル2以降にも取り組んでもらいましょう。小学4年生以降は本人のペースに合わせて取り組んで組んでもらいましょう。もしレベル1が難しいと感じるようであれば『さがし算60初級』（東洋館出版社）から取り組んでもうといいでしょう。

具体的なさがし方は、次項以降の「さがし算・とき方にチャレンジ」に説明を、各レベルの最初にある「使い方のヒント①～⑥」には効率よく探すコツを紹介しています。本書の問題数は192題ですが、重複なく計算する全ての組み合わせを合計すると**11078通り**（２×２で４通り、３×３で48通り、４×４で130通り、５×５で257通り！）になります。もちろん全て計算する必要はなく、いかに効率よく素早く探すかも本書の目的の一つです。本書を一通り取り組めば、十分すぎる計算力がつくよう作られています。

◆点数・タイム欄の使い方

　各問題の上には、これまでのベストタイムと毎回取り組む際に測るチャレンジタイムを書く欄があります。ベストタイムを参考に数秒でも早くできるよう、チャレンジタイムを設定しましょう。

　問題の下には、設定したチャレンジタイムへの感想に〇をつける欄があります。チャレンジタイムとの差について感想を聞いてみましょう。

　時間を測って記入させ、本人にとってどうだったか、「よかった」「わるかった」のいずれかに〇をつけてもらいましょう。時間がかかったのに「よかった」、早くできたのに「わるかった」に〇をつけた場合、その理由も聞いてみましょう。たとえば効率よく探すための工夫ができていないということもあるかもしれません。

　レベル１～４の最初の問題は２題、レベル５～６の最初の問題は１題としてあります。ここではさがし算の取り組み方をお子さんに説明してあげながら練習してもらうといいでしょう。

さがし算
とき方にチャレンジ！

　さがし算中級では、3つの数字を足してある数字になるものを探していきますが、行き当たりばったりで探しても答えはいつまでも見つかりません。そこでここではうまくさがす方法をお伝えします。

　まず、1つ目の数字を決めます。そして、その数字を軸に2つ目の数字を時計回りに決めて、さらに2つ目の数字を軸にして、求める答えになる3つ目の数字を時計回りにさがしていきます。以下、順番に説明していきます。

　まず1つ目の数を決めます。（〇の位置）これは左上から右下に進んでいきます。

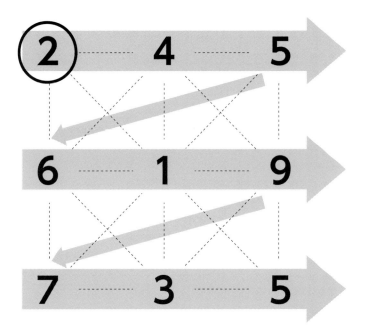

　次に2つ目の数字を決めますが、これは1つ目の数字を軸に右上の数字から時計回りに決めます。

左上の「2」を軸にする場合時計回りの順に4、1、6が、2つ目の数字になります。

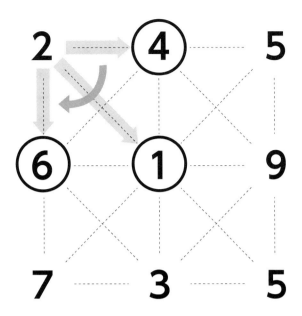

上下左右中央の「1」を軸にする場合。その上の段の数字（この場合2、4、5）、および左の6は既にさがしていますので省略します。

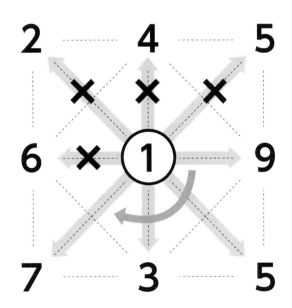

このようにみつけた2つ目の数字を軸にして、求める答えになる3つ目の数字を時計回りにさがしていきます。

「2」を最初の軸として、「4」を2つ目の軸とする場合。「4」を中心に時計回りに答えとなる3つ目の数字をさがします。これでみつからなかったら、次に2つ目の数を中段真ん中の1、次に中段左の6、と続きます。

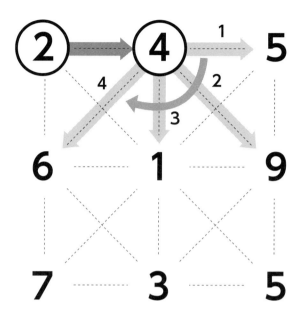

次に2つ目の数が1の場合、同じように時計まわりに3つ目の数字を探します。ただし、上段中央の4は、はじめの「2→4→1」のくみあわせと同じで、すでに行っているため省略します。

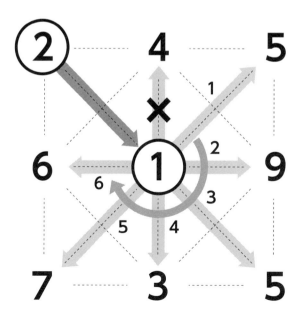

下の段にいくにしたがって、すでに行った組み合わせがふえていきます。たとえば順にすすんで中段の6→1とすすむ場合、3つ目の数は上段の2、4、5であればすでにさがしているので省略できるようになります。

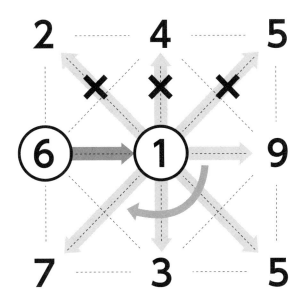

　さがしすすめて、求める数を見つけたら○で下のようにかこみましょう。3つの数字をふくめてかこんであればOKです。

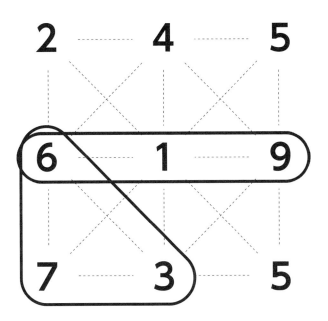

レベル 1

No. 1～10

マス目の数 2×2

答え：1つ

計　：38題

使い方のヒント❶

2×2は答えは4通りだけ

問題 3つの数字を足して18になるものをさがして◯でかこみましょう。

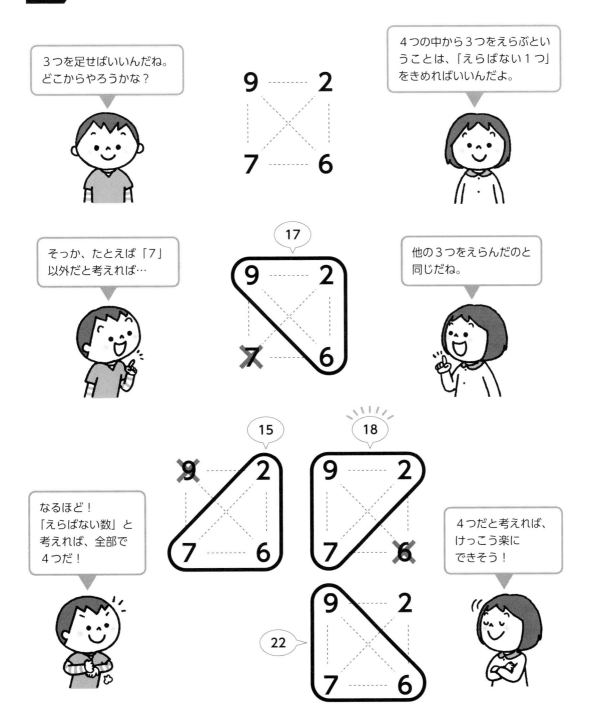

レベル1 No.1

( )年 ( )組 ( )番

名前( )

| ベストタイム 　分　秒 | チャレンジタイム 　分　秒 |

点線でつながれた、たて、よこ、ななめのとなりあった3つの数字を足すと**12**になるものをさがして、◯でかこみましょう。

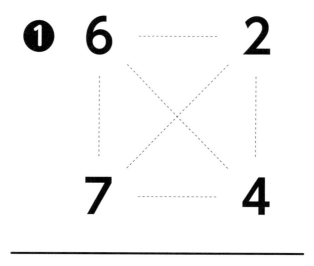

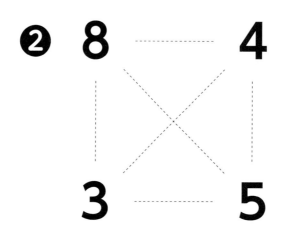

| 点数 2点中___点 | タイム 　分　秒 |

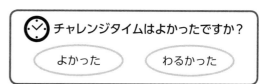

レベル1 No.2

( )年 ( )組 ( )番

名前( )

☐月 ☐日

▶ベストタイム　　　分　　　秒

▶チャレンジタイム　　　分　　　秒

点線でつながれた、たて、よこ、ななめのとなりあった3つの数字を足すと**13**になるものをさがして、◯でかこみましょう。

❶　7　　6
　　2　　5

❷　2　　8
　　4　　7

❸　2　　6
　　5　　1

❹　2　　7
　　6　　4

点数　4点中 ____ 点　　タイム　　　分　　　秒

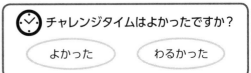

レベル1 No.3

| ベストタイム | 分 秒 | チャレンジタイム | 分 秒 |

点線でつながれた、たて、よこ、ななめのとなりあった3つの数字を足すと**14**になるものをさがして、◯でかこみましょう。

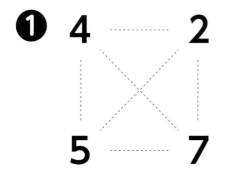
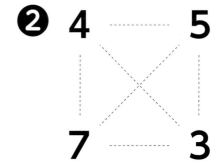
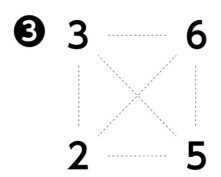
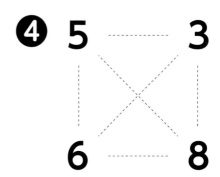

点数 4点中 ___ 点　タイム ___ 分 ___ 秒

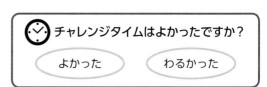

( )年 ( )組 ( )番

名前( )

▶ベストタイム　　　　分　　　秒　　　　▶チャレンジタイム　　　　分　　　秒

点線でつながれた、たて、よこ、ななめのとなりあった３つの数字を足すと**14**になるものをさがして、◯でかこみましょう。

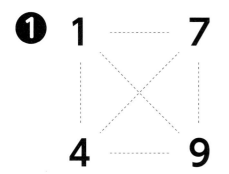

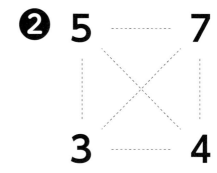

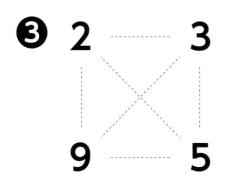

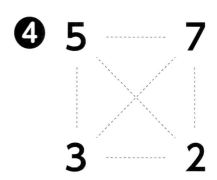

点数　4点中____点　　タイム　　分　　秒

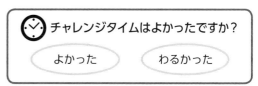

レベル1 No.5

点線でつながれた、たて、よこ、ななめのとなりあった3つの数字を足すと**15**になるものをさがして、◯でかこみましょう。

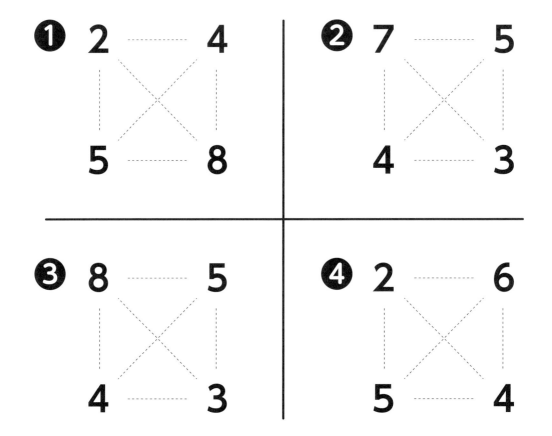

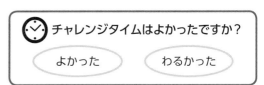

| ベストタイム　　　分　　秒 | チャレンジタイム　　　分　　秒 |

点線でつながれた、たて、よこ、ななめのとなりあった３つの数字を足すと**15**になるものをさがして、◯でかこみましょう。

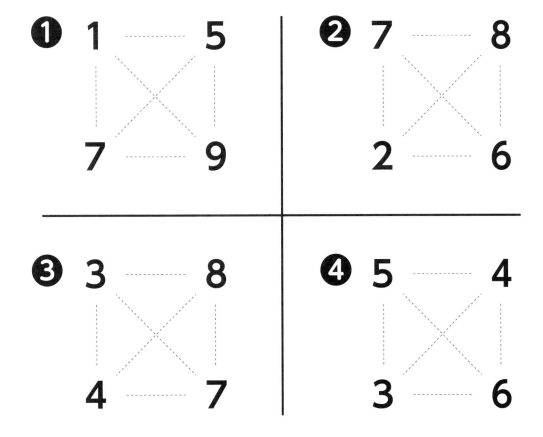

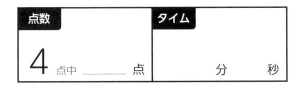

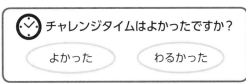

| ベストタイム　　　分　　秒 | チャレンジタイム　　　分　　秒 |

点線でつながれた、たて、よこ、ななめのとなりあった3つの数字を足すと**15**になるものをさがして、○でかこみましょう。

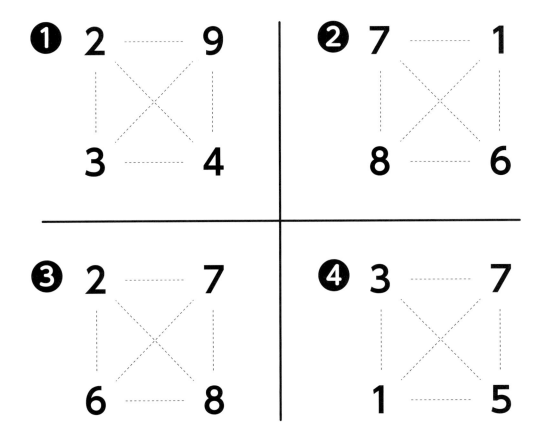

| 点数 4点中____点 | タイム　　分　　秒 | チャレンジタイムはよかったですか？ よかった　わるかった |

レベル1 No.8

( )年( )組( )番
名前( )

☐月 ☐日

▶ベストタイム　　　分　　　秒　　　▶チャレンジタイム　　　分　　　秒

点線でつながれた、たて、よこ、ななめのとなりあった3つの数字を足すと**16**になるものをさがして、◯でかこみましょう。

❶ 5 ---- 4
   9 ---- 7

❷ 5 ---- 2
   9 ---- 8

❸ 7 ---- 8
   5 ---- 3

❹ 7 ---- 9
   8 ---- 1

点数　4点中＿＿点　タイム　　分　　秒

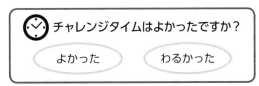

レベル1 No. 9

点線でつながれた、たて、よこ、ななめのとなりあった3つの数字を足すと**16**になるものをさがして、◯でかこみましょう。

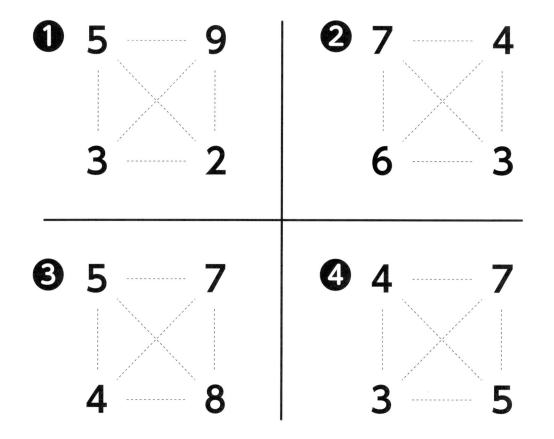

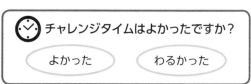

レベル1 No.10

( )年 ( )組 ( )番
名前( )

☐月 ☐日

▶ベストタイム　　　分　　　秒　　　　▶チャレンジタイム　　　分　　　秒

点線でつながれた、たて、よこ、ななめのとなりあった3つの数字を足すと**17**になるものをさがして、○でかこみましょう。

❶
4 ------- 7
8 ------- 2

❷
1 ------- 7
9 ------- 5

❸
3 ------- 8
5 ------- 6

❹
7 ------- 9
2 ------- 6

点数　4点中 ____ 点　　タイム　　　分　　　秒

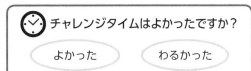

レベル2

No.11〜20

マス目の数 3×3

答え：1つ

計　：38題

使い方のヒント❷

2つ足したものが、さがす数字よりも大きくなれば、もうさがさなくていい

問題 3つの数字を足して12になるものをさがして○でかこみましょう。

組み合わせが多くて時間がかかっちゃうなあ。

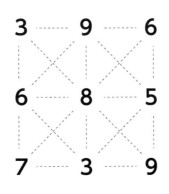

でも、足して12だから、ぜったいそれより大きかったらとばしていいんじゃない？

たとえば、上の段…この線の組み合わせは、もう2つで12以上になっているよ！

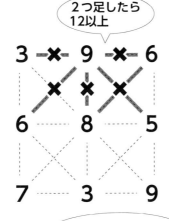
2つ足したら12以上

2つ足して、まだ残っている組み合わせだけ考えればいいか！

たして12だと、9とか8とかの大きい数は、組み合わせが小さい数じゃないとダメだね。

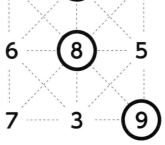
大きな数は小さな数とくみあわせて

さがさなくていい組み合わせをみつけておくと、早くできそうだね！

| ベストタイム　　　分　　秒 | チャレンジタイム　　　分　　秒 |

点線でつながれた、たて、よこ、ななめのとなりあった３つの数字を足すと**12**になるものが**１つ**あります。それをさがして、◯でかこみましょう。

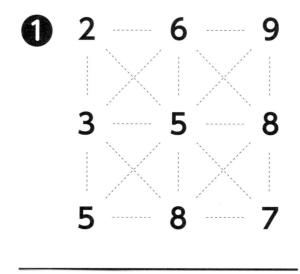

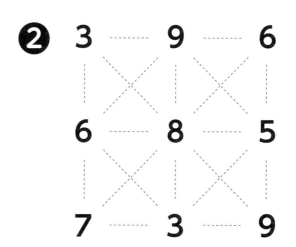

| 点数　2点中____点 | タイム　　　分　　秒 | 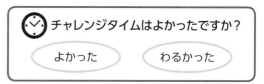 |

レベル2 No.12

ベストタイム　　　分　　　秒　　　　チャレンジタイム　　　分　　　秒

点線でつながれた、たて、よこ、ななめのとなりあった3つの数字を足すと**13**になるものが**1つ**あります。それをさがして、◯でかこみましょう。

❶
5　3　2
7　8　9
4　5　7

❷
6　4　9
7　6　4
8　7　5

❸
3　6　5
8　7　4
9　8　5

❹
7　5　3
8　6　7
9　4　6

点数　4点中＿＿点　　タイム　　分　　秒

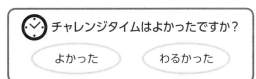

レベル2 No.13

| ベストタイム | 分 秒 | | チャレンジタイム | 分 秒 |

点線でつながれた、たて、よこ、ななめのとなりあった3つの数字を足すと**14**になるものが**1つ**あります。それをさがして、◯でかこみましょう。

❶
```
6 — 5 — 5
7   4   6
8 — 6 — 8
```

❷
```
8 — 6 — 1
1   9   3
9 — 7 — 1
```

❸
```
8 — 6 — 5
9   7   6
7 — 8 — 3
```

❹
```
6 — 8 — 4
5   9   5
8 — 4 — 6
```

点数 4点中 ___ 点   タイム ___ 分 ___ 秒

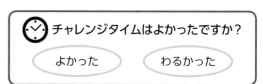

レベル2 No.14

( )年( )組( )番
名前( )

ベストタイム 分 秒

チャレンジタイム 分 秒

点線でつながれた、たて、よこ、ななめのとなりあった３つの数字を足すと**14**になるものが**1つ**あります。それをさがして、◯でかこみましょう。

❶
5　8　7
6　9　8
3　6　9

❷
6　5　6
4　8　9
2　7　9

❸
8　6　6
9　1　8
3　8　4

❹
6　4　8
5　5　9
9　6　7

点数 4点中____点　**タイム** 分 秒

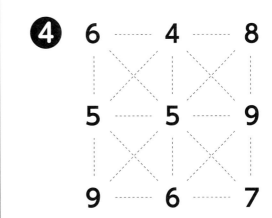

点線でつながれた、たて、よこ、ななめのとなりあった3つの数字を足すと**15**になるものが**1つ**あります。それをさがして、◯でかこみましょう。

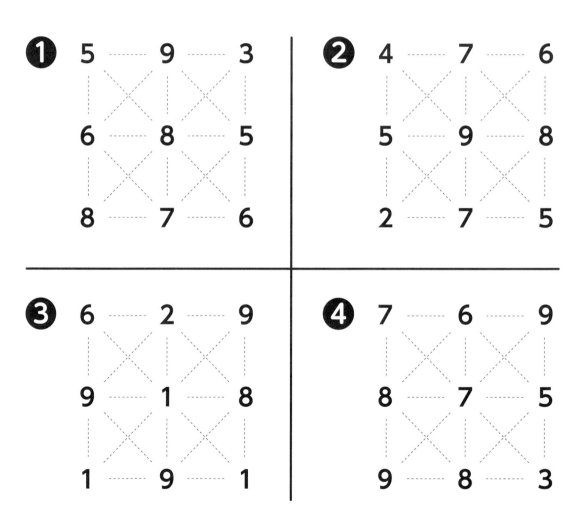

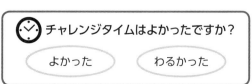

レベル2 No.16

| ベストタイム | 分 秒 | チャレンジタイム | 分 秒 |

点線でつながれた、たて、よこ、ななめのとなりあった3つの数字を足すと**15**になるものが**1つ**あります。それをさがして、◯でかこみましょう。

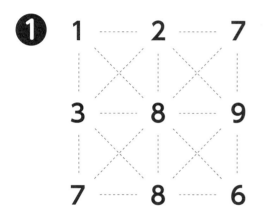

❶
1 — 2 — 7
3 — 8 — 9
7 — 8 — 6

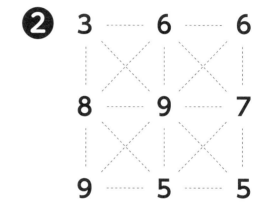

❷
3 — 6 — 6
8 — 9 — 7
9 — 5 — 5

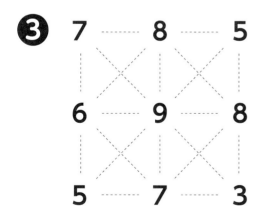

❸
7 — 8 — 5
6 — 9 — 8
5 — 7 — 3

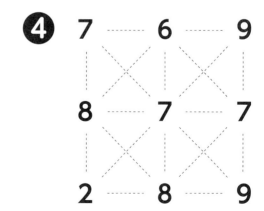

❹
7 — 6 — 9
8 — 7 — 7
2 — 8 — 9

| 点数 4点中 ___点 | タイム 分 秒 |

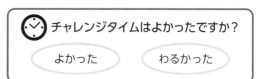

チャレンジタイムはよかったですか？　よかった　わるかった

レベル2 No.17

| ベストタイム | 分 秒 | チャレンジタイム | 分 秒 |

点線でつながれた、たて、よこ、ななめのとなりあった3つの数字を足すと**15**になるものが**1つ**あります。それをさがして、◯でかこみましょう。

❶
```
6   4   8
7   8   9
8   3   6
```

❷
```
4   8   9
5   5   7
8   7   6
```

❸
```
8   6   2
9   7   8
7   8   9
```

❹
```
8   6   4
9   7   5
5   8   9
```

点数 4点中 ___ 点   タイム ___ 分 ___ 秒

チャレンジタイムはよかったですか？ よかった わるかった

レベル2 No.18

( )年 ( )組 ( )番
名前( )

☐月 ☐日

ベストタイム 　　分　　秒　　　　**チャレンジタイム** 　　分　　秒

点線でつながれた、たて、よこ、ななめのとなりあった3つの数字を足すと**16**になるものが**1つ**あります。それをさがして、◯でかこみましょう。

❶
3　5　3
1　4　6
2　2　5

❷
5　1　8
3　2　4
2　8　8

❸
1　9　5
8　1　2
4　8　3

❹
4　1　7
5　2　9
6　3　3

点数	タイム
4点中 ___ 点	分　　秒

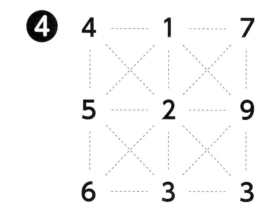

チャレンジタイムはよかったですか？
よかった　　わるかった

| ベストタイム　　　分　　秒 | チャレンジタイム　　　分　　秒 |

点線でつながれた、たて、よこ、ななめのとなりあった3つの数字を足すと**16**になるものが**1つ**あります。それをさがして、◯でかこみましょう。

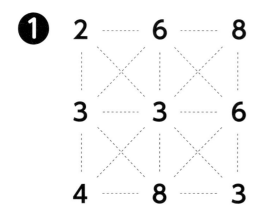
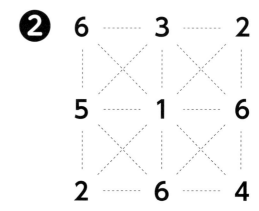
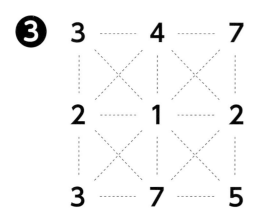
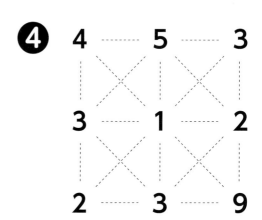

| 点数　4点中＿＿点 | タイム　　分　　秒 | 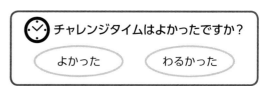 |

レベル2 No.20

( )年 ( )組 ( )番
名前( )

ベストタイム　　　　分　　　秒
チャレンジタイム　　　分　　　秒

点線でつながれた、たて、よこ、ななめのとなりあった3つの数字を足すと**17**になるものが**1つ**あります。それをさがして、◯でかこみましょう。

❶
2 — 1 — 5
3 — 2 — 6
4 — 5 — 8

❷
8 — 2 — 3
7 — 1 — 4
6 — 5 — 3

❸
4 — 6 — 5
3 — 6 — 4
2 — 2 — 3

❹
2 — 4 — 3
3 — 6 — 2
6 — 7 — 1

点数　4点中 ___ 点
タイム　　分　　秒

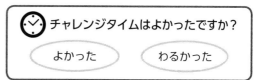

レベル3

No.21〜30

マス目の数 3×3

答え：2つ

計　：38題

使い方のヒント❸

2つ足したものを、さがす数字から引いて、
それが10よりも大きければ、もうさがさなくていい

問題 3つの数字を足して17になるものをさがして◯でかこみましょう。

少しなれてきたけど、もっとさがしやすくなるコツはない？

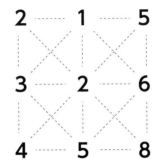

そうね、ヒント②の逆に、2つ足した段階でぜったいたりない組み合わせは外せばいいんだよ。上の問題の上の列からやってみよう。

左上の2からはじめよう。2＋1、2＋2、どれも足して7以下だから、3つで17にはぜったいならないね。

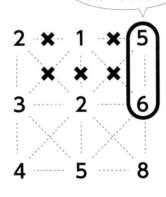

そう。だから、矢印のついた組み合わせは、2つ足したところで外してOK。上の列だと右の5とその下の6以外はさいごまでやらなくていいみたいだね。

次はまん中の列、3＋2は7以下だからもういい、3＋5はさがす、3＋4は7以下…

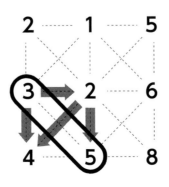

こうやっていけば、だいぶさがしやすいでしょ？コツは、さがす数の1の位より、2つ足した数が大きいものだけを3つ足すところまでさがす、ということね。

| ベストタイム　　　分　　秒 | チャレンジタイム　　　分　　秒 |

点線でつながれた、たて、よこ、ななめのとなりあった3つの数字を足すと**12**になるものが**2つ**あります。それをさがして、◯でかこみましょう。

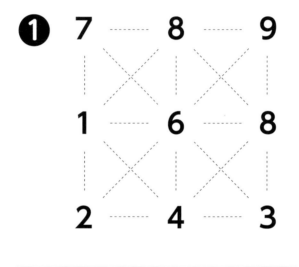

❶
7　8　9
1　6　8
2　4　3

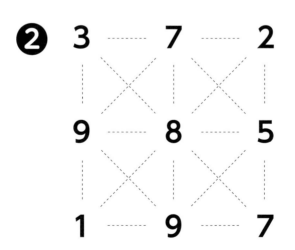

❷
3　7　2
9　8　5
1　9　7

点数　2点中___点　タイム　　分　　秒

チャレンジタイムはよかったですか？　よかった　わるかった

レベル3 No.22

（　）年（　）組（　）番
名前（　　　　　　　　　　）

□月 □日

ベストタイム　　　分　　　秒　　チャレンジタイム　　　分　　　秒

点線でつながれた、たて、よこ、ななめのとなりあった3つの数字を足すと**13**になるものが**2つ**あります。それをさがして、◯でかこみましょう。

❶　2 ─── 3 ─── 9
　　5　　　6　　　4
　　7 ─── 9 ─── 8

❷　1 ─── 9 ─── 6
　　2　　　5　　　8
　　5 ─── 7 ─── 5

❸　5 ─── 9 ─── 1
　　7 ─── 8 ─── 3
　　9 ─── 2 ─── 5

❹　4 ─── 3 ─── 4
　　9 ─── 8 ─── 7
　　2 ─── 5 ─── 6

点数　4点中 ___ 点　　タイム　　分　　秒

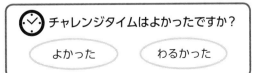

レベル３ No.23

( )年 ( )組 ( )番

名前( )

☐月 ☐日

▶ベストタイム　　　分　　　秒　　　▶チャレンジタイム　　　分　　　秒

点線でつながれた、たて、よこ、ななめのとなりあった３つの数字を足すと**14**になるものが**2つ**あります。それをさがして、◯でかこみましょう。

❶
1 — 9 — 2
9 — 5 — 6
4 — 7 — 9

❷
1 — 8 — 9
4 — 9 — 7
3 — 6 — 2

❸
1 — 2 — 7
3 — 9 — 8
6 — 5 — 9

❹
7 — 1 — 4
6 — 2 — 5
3 — 4 — 3

点数	タイム
4点中 ___ 点	分　　秒

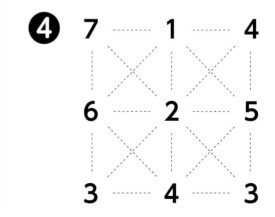

レベル3 No.24

ベストタイム 　　　分　　　秒　　　チャレンジタイム 　　　分　　　秒

点線でつながれた、たて、よこ、ななめのとなりあった3つの数字を足すと**14**になるものが**2つ**あります。それをさがして、◯でかこみましょう。

❶　7 ‑‑‑ 2 ‑‑‑ 5
　　2　　6　　8
　　3 ‑‑‑ 7 ‑‑‑ 9

❷　7 ‑‑‑ 2 ‑‑‑ 6
　　8　　9　　5
　　2 ‑‑‑ 5 ‑‑‑ 4

❸　7 ‑‑‑ 8 ‑‑‑ 4
　　8　　1　　8
　　4 ‑‑‑ 6 ‑‑‑ 2

❹　4 ‑‑‑ 5 ‑‑‑ 3
　　9　　8　　9
　　7 ‑‑‑ 6 ‑‑‑ 2

点数　4点中 ___ 点　　タイム 　　分　　秒

チャレンジタイムはよかったですか？　よかった　わるかった

| ベストタイム | 分 秒 | チャレンジタイム | 分 秒 |

点線でつながれた、たて、よこ、ななめのとなりあった３つの数字を足すと**15**になるものが**2つ**あります。それをさがして、◯でかこみましょう。

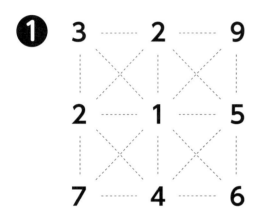
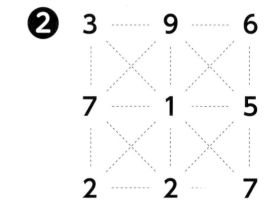
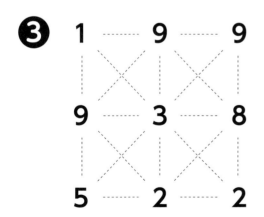
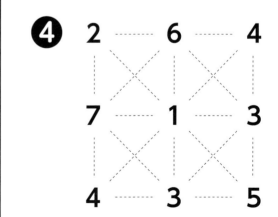

点数	タイム
4点中 ___ 点	分 秒

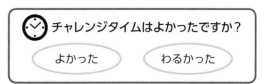

レベル3 No.26

　　月　　日

( )年 ( )組 ( )番
名前( )

ベストタイム　　　分　　秒

チャレンジタイム　　　分　　秒

点線でつながれた、たて、よこ、ななめのとなりあった3つの数字を足すと**15**になるものが**2つ**あります。それをさがして、○でかこみましょう。

❶
2　1　2
5　9　7
7　8　9

❷
6　9　1
1　2　3
9　8　5

❸
6　4　7
2　3　8
9　1　9

❹
1　7　8
8　2　6
4　8　9

点数　4点中＿＿点

タイム　　　分　　秒

チャレンジタイムはよかったですか？　よかった　わるかった

レベル3　No.27

ベストタイム　　　分　　　秒

チャレンジタイム　　　分　　　秒

点線でつながれた、たて、よこ、ななめのとなりあった3つの数字を足すと**15**になるものが**2つ**あります。それをさがして、◯でかこみましょう。

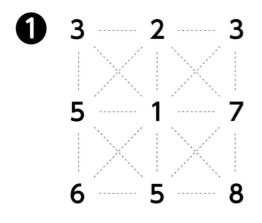

❶
3 — 2 — 3
5 — 1 — 7
6 — 5 — 8

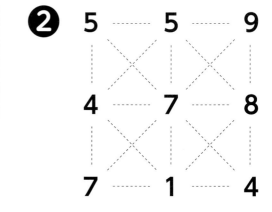

❷
5 — 5 — 9
4 — 7 — 8
7 — 1 — 4

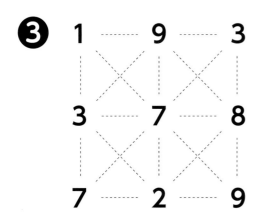

❸
1 — 9 — 3
3 — 7 — 8
7 — 2 — 9

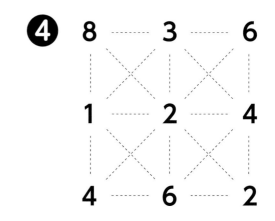

❹
8 — 3 — 6
1 — 2 — 4
4 — 6 — 2

点数　4点中 ___ 点　　タイム　　　分　　　秒

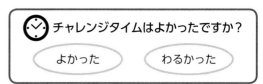

チャレンジタイムはよかったですか？　よかった　わるかった

レベル3 No.28

( )年 ( )組 ( )番
名前( )

□月 □日

ベストタイム　　分　　秒
チャレンジタイム　　分　　秒

点線でつながれた、たて、よこ、ななめのとなりあった3つの数字を足すと**16**になるものが**2つ**あります。それをさがして、◯でかこみましょう。

❶
2　3　2
1　8　5
9　2　4

❷
1　3　5
7　2　4
9　8　8

❸
5　9　2
9　1　7
5　3　4

❹
3　9　6
7　5　8
9　4　9

点数　4点中 ___ 点

タイム　　分　　秒

チャレンジタイムはよかったですか？
よかった　　わるかった

| ベストタイム　　　分　　秒 | チャレンジタイム　　　分　　秒 |

点線でつながれた、たて、よこ、ななめのとなりあった3つの数字を足すと**16**になるものが**2つ**あります。それをさがして、◯でかこみましょう。

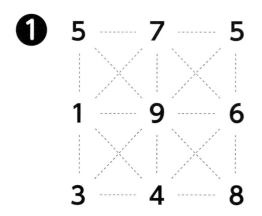
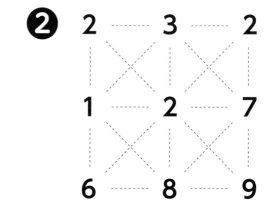
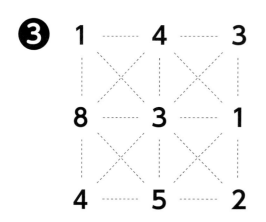
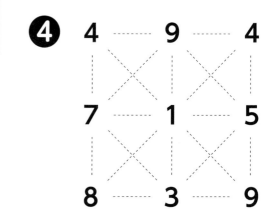

| 点数 **4**点中 ＿＿点 | タイム　　　分　　秒 |

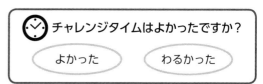

レベル3 No.30

( )年 ( )組 ( )番

名前( )

▶ ベストタイム　　　分　　　秒　　　　▶ チャレンジタイム　　　分　　　秒

点線でつながれた、たて、よこ、ななめのとなりあった３つの数字を足すと**17**になるものが**2つ**あります。それをさがして、◯でかこみましょう。

❶
1　2　3
2　5　9
4　8　1

❷
3　1　9
1　8　5
7　9　4

❸
2　6　5
8　7　7
6　9　3

❹
8　5　2
5　3　6
4　2　1

点数　4点中 ___ 点　　タイム　　　分　　　秒

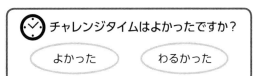

レベル 4

No.31〜40

マス目の数 3×3　　答え：3つ

計　：38題

使い方のヒント❹

3つさがす問題では3つ目がなかなかさがせない。
最初からていねいにさがすしかない

問題 3つの数字を足して15になるものが3つあります。
それをさがして◯でかこみましょう。

よし、1つ目をみつけた。
あと2つ！

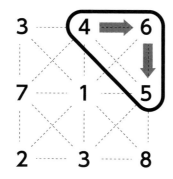

そんなにいそがなくても
いいのに…。

2つ目もすぐみつけたぞ！…
あれ、もう1つは
どれだろう…

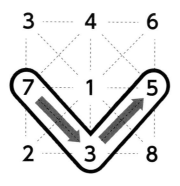

うーん、とばしちゃった
んじゃないの？
もう一回、はじめから
みてみたら？

あ、はじめの方に
あったんだ…。
ちゃんとみてたら
もっと早くおわったのに…。

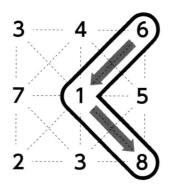

あせってさがしても
いいことはないよ！
ていねいに1つずつ
見ていこうね。

| ベストタイム | 分 秒 | チャレンジタイム | 分 秒 |

点線でつながれた、たて、よこ、ななめのとなりあった3つの数字を足すと**12**になるものが**3つ**あります。それをさがして、◯でかこみましょう。

❶
```
7    8    2

9    5    2

4    6    3
```

❷
```
4    3    8

9    6    2

1    5    7
```

| 点数 | タイム |
| 2点中 ___ 点 | 分 秒 |

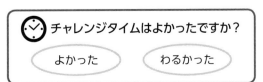

レベル4　No.32

（　　）年（　　）組（　　）番
名前（　　　　　　　　　　）

　月　　日

> ベストタイム　　　分　　　秒

> チャレンジタイム　　　分　　　秒

点線でつながれた、たて、よこ、ななめのとなりあった3つの数字を足すと**13**になるものが**3つ**あります。それをさがして、◯でかこみましょう。

❶
4　7　6
2　9　5
1　8　2

❷
7　4　1
9　5　3
8　2　4

❸
6　7　9
5　8　1
3　2　7

❹
9　3　9
2　4　4
8　5　7

点数　4点中　　　点

タイム　　　分　　　秒

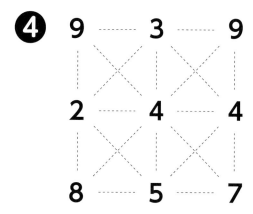

レベル4 No.33

ベストタイム　　　分　　秒　　　　チャレンジタイム　　　分　　秒

点線でつながれた、たて、よこ、ななめのとなりあった３つの数字を足すと**14**になるものが**3つ**あります。それをさがして、◯でかこみましょう。

❶
```
2 --- 4 --- 9
6     1     3
8 --- 2 --- 5
```

❷
```
7 --- 9 --- 2
9     5     4
6 --- 3 --- 1
```

❸
```
2 --- 7 --- 9
5     8     1
3 --- 9 --- 6
```

❹
```
1 --- 3 --- 8
2     6     4
7 --- 5 --- 9
```

点数　4点中＿＿点　　タイム　　分　　秒

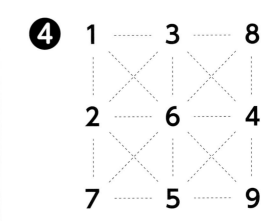
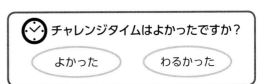

レベル4　No.34

ベストタイム　　　分　　　秒　　　チャレンジタイム　　　分　　　秒

点線でつながれた、たて、よこ、ななめのとなりあった3つの数字を足すと**14**になるものが**3つ**あります。それをさがして、◯でかこみましょう。

❶
```
7 --- 2 --- 9
3 --- 6 --- 4
8 --- 2 --- 5
```

❷
```
1 --- 4 --- 6
7 --- 9 --- 3
2 --- 8 --- 6
```

❸
```
1 --- 7 --- 9
5 --- 2 --- 8
1 --- 3 --- 6
```

❹
```
5 --- 3 --- 1
8 --- 6 --- 4
9 --- 6 --- 7
```

点数　4点中　　　点　　タイム　　　分　　　秒

チャレンジタイムはよかったですか？　よかった　わるかった

レベル4 No.35

( )年( )組( )番
名前( )

▶ベストタイム　　　分　　　秒　　　▶チャレンジタイム　　　分　　　秒

点線でつながれた、たて、よこ、ななめのとなりあった３つの数字を足すと**15**になるものが**3つ**あります。それをさがして、◯でかこみましょう。

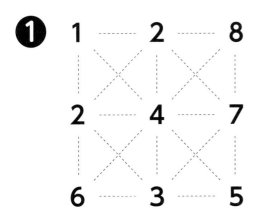

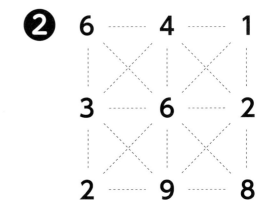

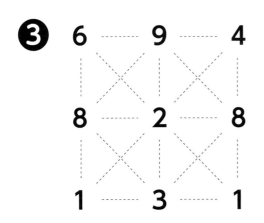

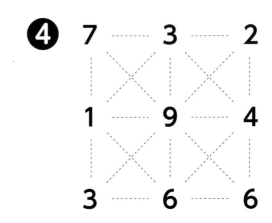

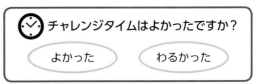

レベル4 No.36

ベストタイム 　　分　　秒　　　　**チャレンジタイム** 　　分　　秒

点線でつながれた、たて、よこ、ななめのとなりあった3つの数字を足すと**15**になるものが**3つ**あります。それをさがして、◯でかこみましょう。

❶
1 — 2 — 9
3 — 9 — 7
6 — 4 — 5

❷
5 — 8 — 9
7 — 6 — 6
9 — 3 — 2

❸
1 — 4 — 1
3 — 9 — 8
2 — 7 — 4

❹
1 — 5 — 2
6 — 5 — 3
9 — 2 — 4

点数 4点中____点　**タイム** 　分　秒

チャレンジタイムはよかったですか？　よかった　わるかった

レベル4 No.37

| ベストタイム | 分 秒 | チャレンジタイム | 分 秒 |

点線でつながれた、たて、よこ、ななめのとなりあった3つの数字を足すと**15**になるものが**3つ**あります。それをさがして、◯でかこみましょう。

❶
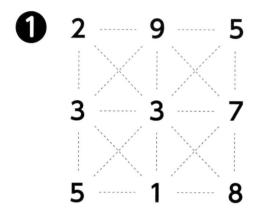
```
2 --- 9 --- 5
3     3     7
5 --- 1 --- 8
```

❷
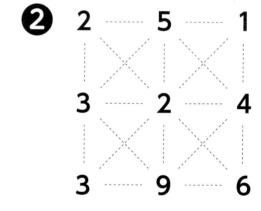
```
2 --- 5 --- 1
3     2     4
3 --- 9 --- 6
```

❸
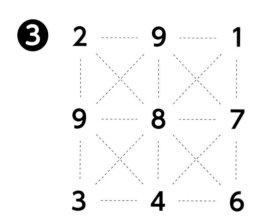
```
2 --- 9 --- 1
9     8     7
3 --- 4 --- 6
```

❹
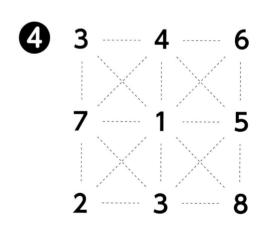
```
3 --- 4 --- 6
7     1     5
2 --- 3 --- 8
```

点数 4点中 ___ 点　タイム ___ 分 ___ 秒

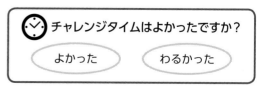

レベル4 No.38

ベストタイム　　　分　　　秒　　　　チャレンジタイム　　　分　　　秒

点線でつながれた、たて、よこ、ななめのとなりあった3つの数字を足すと**16**になるものが**3つ**あります。それをさがして、◯でかこみましょう。

❶
```
2 --- 1 --- 2
5     4     3
7 --- 8 --- 9
```

❷
```
3 --- 5 --- 1
2     4     8
7 --- 2 --- 6
```

❸
```
2 --- 3 --- 9
8     4     5
1 --- 1 --- 2
```

❹
```
5 --- 8 --- 9
6     2     4
1 --- 4 --- 1
```

| ベストタイム　　　分　　秒 | チャレンジタイム　　　分　　秒 |

点線でつながれた、たて、よこ、ななめのとなりあった3つの数字を足すと**16**になるものが**3つ**あります。それをさがして、◯でかこみましょう。

❶
```
3   8   2
9   4   5
5   1   6
```

❷
```
3   2   8
5   7   1
4   6   2
```

❸
```
1   1   2
2   5   7
6   8   4
```

❹
```
2   1   5
3   6   4
7   4   9
```

| 点数 4点中 ___ 点 | タイム　　　分　　秒 | チャレンジタイムはよかったですか？ よかった　わるかった |

レベル4　No.40

(　)年 (　)組 (　)番
名前(　　　　　　　　　　)

☐月 ☐日

▶ベストタイム　　　分　　　秒　　　　▶チャレンジタイム　　　分　　　秒

点線でつながれた、たて、よこ、ななめのとなりあった3つの数字を足すと**17**になるものが**3つ**あります。それをさがして、◯でかこみましょう。

❶
5　　2　　6
1　　5　　6
9　　7　　2

❷
1　　3　　2
4　　2　　5
7　　8　　9

❸
5　　8　　1
4　　2　　6
2　　3　　9

❹
4　　2　　9
3　　5　　4
7　　4　　5

点数　4点中 ＿＿ 点　　タイム　　　分　　　秒

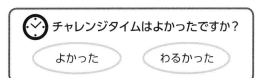

レベル5

No.41〜50

マス目の数 4×4　　　答え：1つ

計　：19題

使い方のヒント❺

見落としやすい組み合せに注意しよう！

問題 3つの数字を足して12になるものをさがして○でかこみましょう。

4×4の16マス、さがすのが大変になったなあ…。

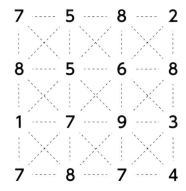

```
7   5   8   2
8   5   6   8
1   7   9   3
7   8   7   4
```

その分、できたらすごいよ！がんばろう！ここでは見落としやすい組み合わせをかくにんするね。2列目の5と6を組み合わせてみて。

5と6だから、12にするにはあと1。5→6→…ないから、ここには答えはなさそう。

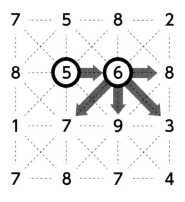

そう思うでしょ？でも、5→6じゃなくて5の左下の1をみてみて！

ほんとだ！右上から時計回りにさがしていくから、6のまわりだけさがしてしまったんだ…。

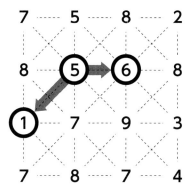

こんな場所の組み合わせは見おとしやすいから、注意してね。

| ベストタイム　　　分　　　秒 | チャレンジタイム　　　分　　　秒 |

点線でつながれた、たて、よこ、ななめのとなりあった3つの数字を足すと**12**になるものが**1つ**あります。それをさがして、◯でかこみましょう。

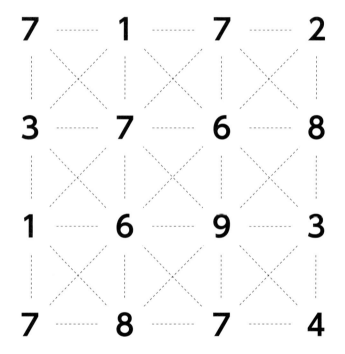

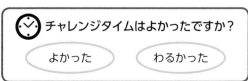

レベル5 No.42

( )年 ( )組 ( )番

名前( )

▶ ベストタイム　　分　　秒　　　チャレンジタイム　　分　　秒

点線でつながれた、たて、よこ、ななめのとなりあった3つの数字を足すと**13**になるものが**1つ**あります。それをさがして、◯でかこみましょう。

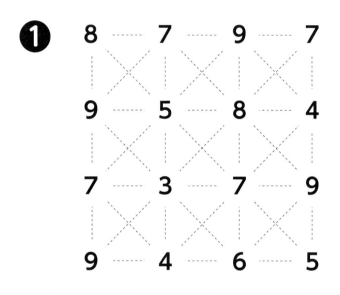

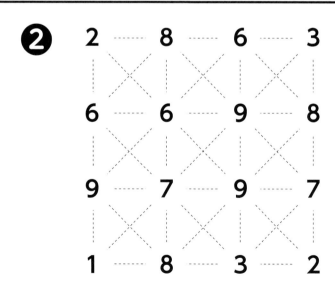

点数	タイム
2点中 ＿＿ 点	分　秒

チャレンジタイムはよかったですか？　よかった　わるかった

| ベストタイム | 分 秒 | チャレンジタイム | 分 秒 |

点線でつながれた、たて、よこ、ななめのとなりあった3つの数字を足すと**14**になるものが**1つ**あります。それをさがして、◯でかこみましょう。

❶
```
9 — 7 — 9 — 1
2   2   4   7
4   7   2   7
2 — 1 — 7 — 1
```

❷
```
7 — 9 — 2 — 7
9   8   8   9
7   9   7   5
1 — 5 — 3 — 4
```

点数	タイム
2点中 ___ 点	分 秒

チャレンジタイムはよかったですか？　よかった　わるかった

レベル5 No.44

( )年( )組( )番
名前( )

ベストタイム 　分　秒
チャレンジタイム 　分　秒

点線でつながれた、たて、よこ、ななめのとなりあった3つの数字を足すと**14**になるものが**1つ**あります。それをさがして、◯でかこみましょう。

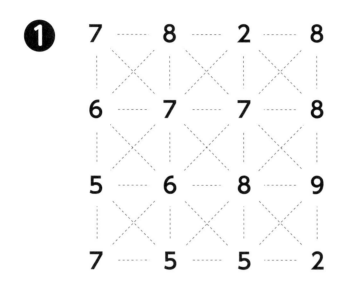

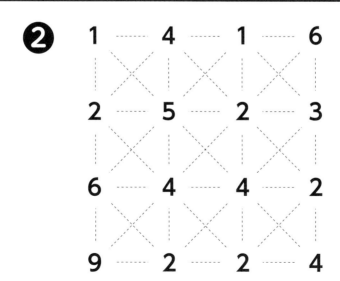

点数 2点中 ___ 点
タイム 　分　秒

チャレンジタイムはよかったですか？
よかった　わるかった

レベル5 No.45

( )年( )組( )番
名前( )

☐月 ☐日

▶ベストタイム　　分　　秒　　　▶チャレンジタイム　　分　　秒

点線でつながれた、たて、よこ、ななめのとなりあった３つの数字を足すと**15**になるものが**１つ**あります。それをさがして、◯でかこみましょう。

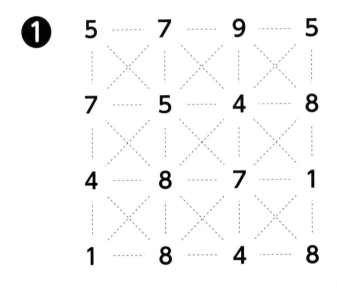

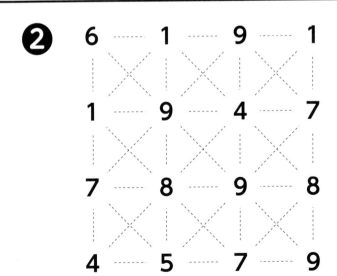

点数	タイム
2点中 ___ 点	分　秒

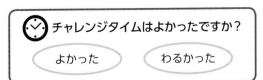

レベル5 No.46

( )年 ( )組 ( )番

名前( )

□月 □日

ベストタイム　　　分　　　秒

チャレンジタイム　　　分　　　秒

点線でつながれた、たて、よこ、ななめのとなりあった3つの数字を足すと**15**になるものが**1つ**あります。それをさがして、◯でかこみましょう。

❶
```
7     5     9     5
8     6     8     4
3     9     9     7
7     2     8     1
```

❷
```
1     2     6     7
4     3     3     3
5     2     4     4
4     1     5     1
```

点数　2点中 ___ 点　　タイム　　　分　　　秒

チャレンジタイムはよかったですか？　よかった　わるかった

| ベストタイム | 分 秒 | チャレンジタイム | 分 秒 |

点線でつながれた、たて、よこ、ななめのとなりあった3つの数字を足すと**15**になるものが**1つ**あります。それをさがして、◯でかこみましょう。

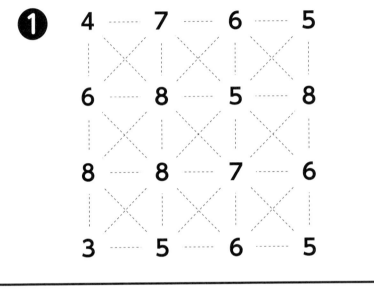

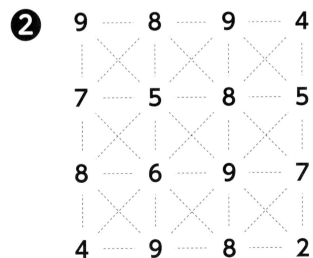

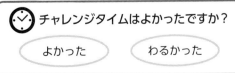

レベル5 No.48

( )年 ( )組 ( )番
名前( )

ベストタイム　　分　　秒
チャレンジタイム　　分　　秒

点線でつながれた、たて、よこ、ななめのとなりあった3つの数字を足すと**16**になるものが**1つ**あります。それをさがして、◯でかこみましょう。

❶
```
5   9   7   1
8   7   3   1
5   9   5   2
9   7   1   5
```

❷
```
1   3   4   3
2   3   2   4
7   4   2   5
5   2   4   5
```

点数　2点中 ___ 点　　タイム　　分　　秒

チャレンジタイムはよかったですか？
よかった　　わるかった

点線でつながれた、たて、よこ、ななめのとなりあった3つの数字を足すと**16**になるものが**1つ**あります。それをさがして、◯でかこみましょう。

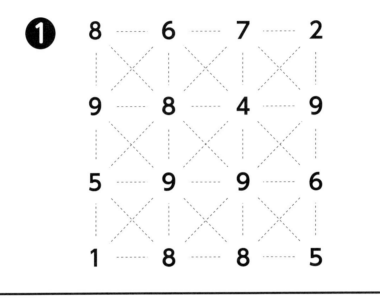

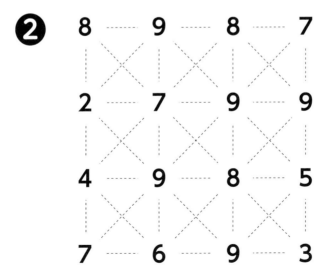

レベル5 No.50

月　日

ベストタイム　　分　　秒　　　チャレンジタイム　　分　　秒

点線でつながれた、たて、よこ、ななめのとなりあった3つの数字を足すと**17**になるものが**1つ**あります。それをさがして、◯でかこみましょう。

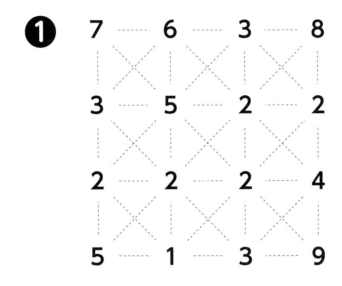

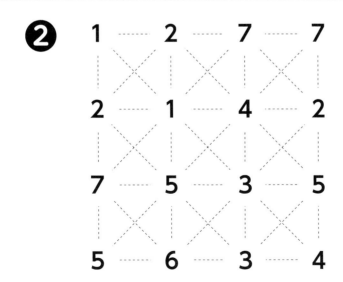

点数　2点中　　点　　タイム　　分　　秒

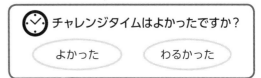

レベル6

No.51〜60

マス目の数 4×4

答え：2つ

計　：19題

使い方のヒント❻

集中力が続かないときは、声に出しながらやってみよう

問題 3つの数字を足して14になるものをさがして◯でかこみましょう。

う〜ん、数が多くて
やっているうちに
つかれてきちゃった…。

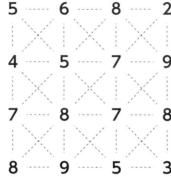

ずっと目でおっていると、
つかれて集中できなく
なっちゃうよね。
だったら、声に出して
やってみよう。

5と6をたすと11、
14にするにはあと3。
「足して11だからあと3」！
3はまわりにないな…。たしかに
口に出すとさがしやすいね。

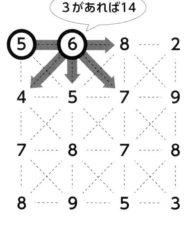

でしょ？口に出すと意識
しやすいから、目でも
さがしやすくなるよ。

つづけていくよ…。
次は…2と7だね。
「足して9だからあと5」！
「5」「5」…あ、みつかった！

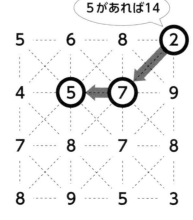

1つずつさがしていくとき
には、口に出したり、
ゆびでさしたりしながら、
しっかりやっていくと
集中しやすいよ！

| ベストタイム | 分　　秒 | チャレンジタイム | 分　　秒 |

点線でつながれた、たて、よこ、ななめのとなりあった３つの数字を足すと**12**になるものが**2つ**あります。それをさがして、◯でかこみましょう。

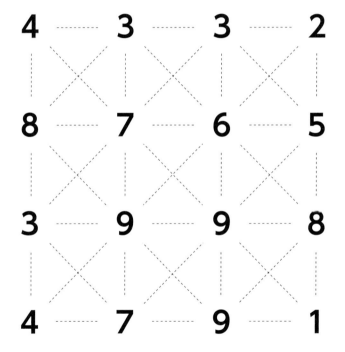

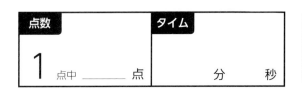

レベル6　No.52

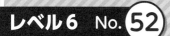

(　)年(　)組(　)番
名前(　　　　　　　)

□月 □日

ベストタイム　　　分　　　秒
チャレンジタイム　　　分　　　秒

点線でつながれた、たて、よこ、ななめのとなりあった3つの数字を足すと**13**になるものが**2つ**あります。それをさがして、◯でかこみましょう。

❶
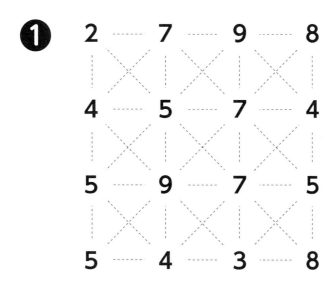

❷
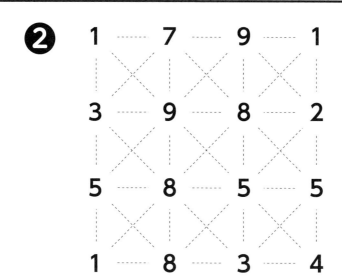

点数	タイム
2点中　　点	分　　秒

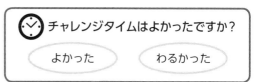
チャレンジタイムはよかったですか？
よかった　　わるかった

レベル6 No.53

( )年 ( )組 ( )番
名前( )

☐月 ☐日

ベストタイム 　　分　　秒

チャレンジタイム 　　分　　秒

点線でつながれた、たて、よこ、ななめのとなりあった3つの数字を足すと**14**になるものが**2つ**あります。それをさがして、◯でかこみましょう。

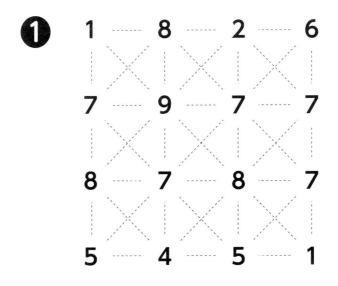

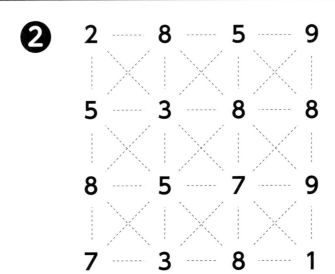

点数　2点中 ＿＿ 点

タイム　　分　　秒

チャレンジタイムはよかったですか？
よかった　わるかった

レベル6 No.54

ベストタイム　　　分　　　秒
チャレンジタイム　　　分　　　秒

点線でつながれた、たて、よこ、ななめのとなりあった3つの数字を足すと**14**になるものが**2つ**あります。それをさがして、◯でかこみましょう。

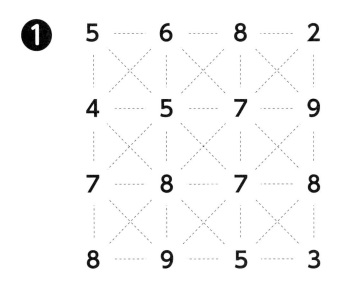

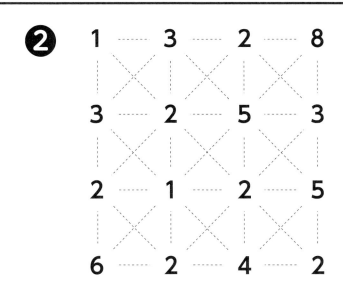

| ベストタイム 　　分　　秒 | チャレンジタイム 　　分　　秒 |

点線でつながれた、たて、よこ、ななめのとなりあった３つの数字を足すと**15**になるものが**２つ**あります。それをさがして、◯でかこみましょう。

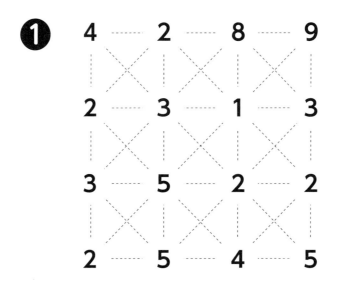

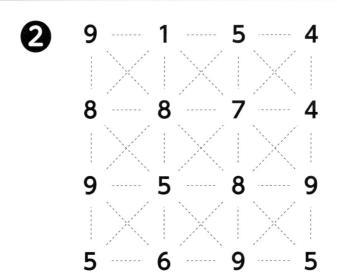

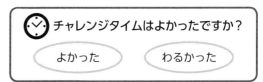

レベル6 No.56

( )年( )組( )番
名前( )

☐ 月 ☐ 日

▶ ベストタイム　　　分　　　秒
▶ チャレンジタイム　　　分　　　秒

点線でつながれた、たて、よこ、ななめのとなりあった3つの数字を足すと**15**になるものが**2つ**あります。それをさがして、◯でかこみましょう。

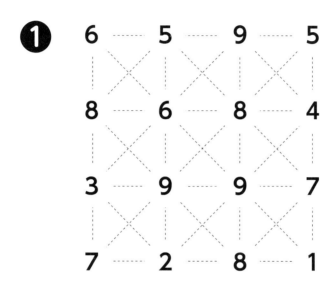

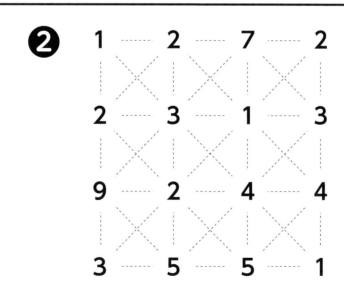

点数 2点中 ___ 点　　タイム ___ 分 ___ 秒

⏱ チャレンジタイムはよかったですか？
よかった　　わるかった

点線でつながれた、たて、よこ、ななめのとなりあった3つの数字を足すと**15**になるものが**2つ**あります。それをさがして、◯でかこみましょう。

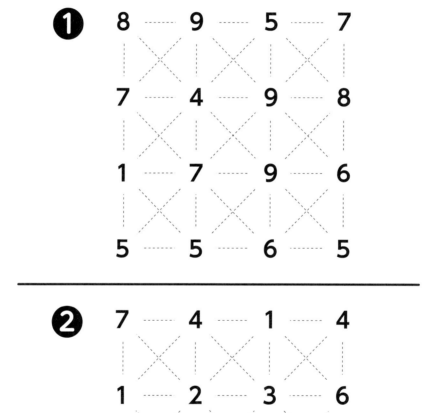

レベル6 No.58

( )年 ( )組 ( )番

名前( )

☐月 ☐日

▶ベストタイム　　　分　　秒　　　　▶チャレンジタイム　　　分　　秒

点線でつながれた、たて、よこ、ななめのとなりあった3つの数字を足すと**16**になるものが**2つ**あります。それをさがして、⬭でかこみましょう。

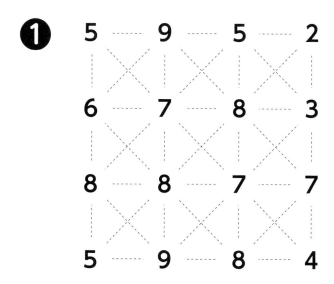

❶
```
5 — 9 — 5 — 2
6 — 7 — 8 — 3
8 — 8 — 7 — 7
5 — 9 — 8 — 4
```

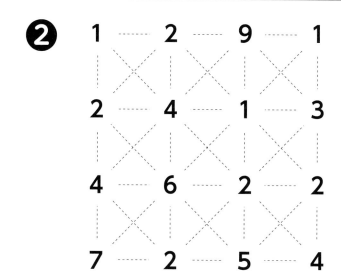

❷
```
1 — 2 — 9 — 1
2 — 4 — 1 — 3
4 — 6 — 2 — 2
7 — 2 — 5 — 4
```

点数	タイム
2点中 ___ 点	分　秒

🕐 チャレンジタイムはよかったですか？
　よかった　　わるかった

レベル6　No.59

(　)年 (　)組 (　)番
名前(　　　　　　　　　　)

☐月 ☐日

▶ベストタイム 　　　分　　　秒　　　▶チャレンジタイム 　　　分　　　秒

点線でつながれた、たて、よこ、ななめのとなりあった3つの数字を足すと**16**になるものが**2つ**あります。それをさがして、◯でかこみましょう。

❶
3	9	2	3
3	6	5	4
6	3	4	1
5	3	1	2

❷
2	9	1	2
3	8	2	3
5	1	4	4
1	5	3	1

点数　2点中 ___ 点　　タイム 　　分　　秒

チャレンジタイムはよかったですか？
よかった　　わるかった

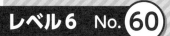

| ( )年 ( )組 ( )番 |
| 名前( ) |

☐月 ☐日

> ベストタイム　　　分　　　秒

> チャレンジタイム　　　分　　　秒

点線でつながれた、たて、よこ、ななめのとなりあった3つの数字を足すと**17**になるものが**2つ**あります。それをさがして、◯でかこみましょう。

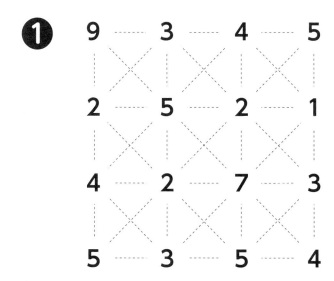

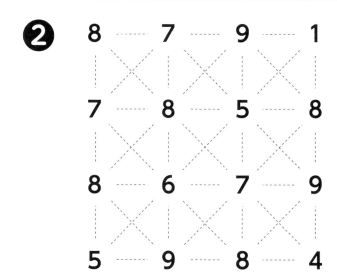

| 点数 | タイム |
| 2 点中 ＿＿ 点 | 　分　秒 |

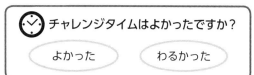

チャレンジ問題 A

( )年（ ）組（ ）番

名前（ ）

月 日

| ベストタイム | 分 秒 | チャレンジタイム | 分 秒 |

点線でつながれた、たて、よこ、ななめのとなりあった3つの数字を足すと**15**になるものが**1つ**あります。それをさがして、◯でかこみましょう。

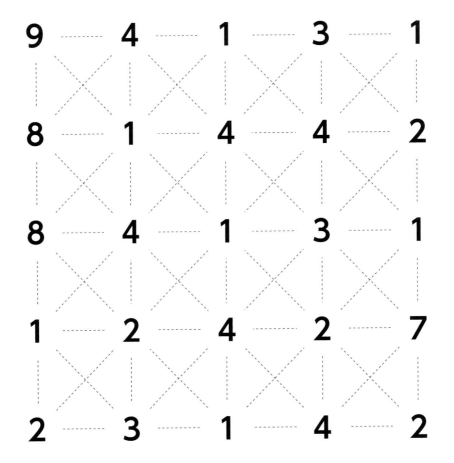

点数	タイム
1点中 ___ 点	分 秒

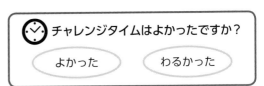

チャレンジ問題 B

( )年( )組( )番

名前( )

月 日

| ベストタイム | 分 秒 | チャレンジタイム | 分 秒 |

点線でつながれた、たて、よこ、ななめのとなりあった3つの数字を足すと**15**になるものが**1つ**あります。それをさがして、◯でかこみましょう。

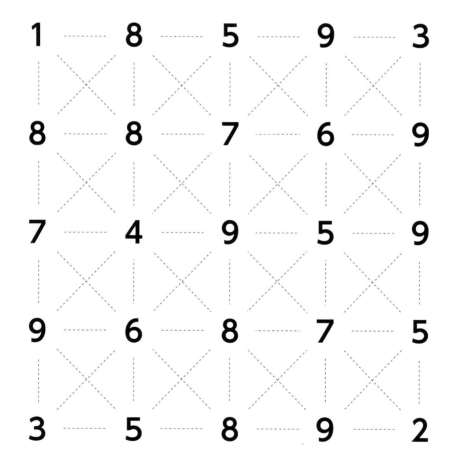

点数	タイム
1点中 ___ 点	分 秒

チャレンジタイムはよかったですか？
よかった わるかった

こたえ

レベル1 No. ①〜⑩

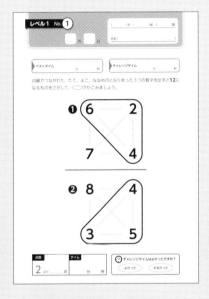
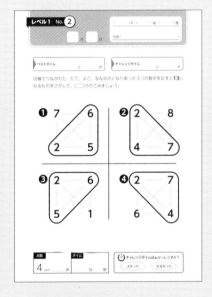
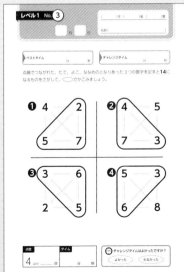
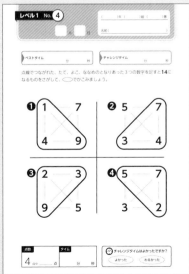

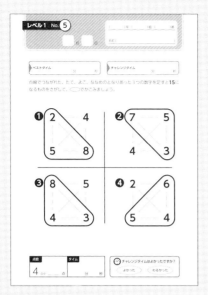
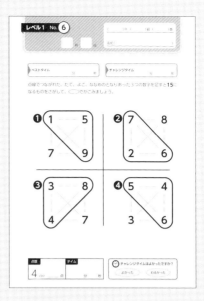
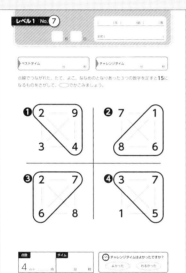
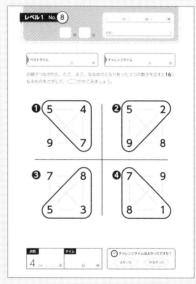
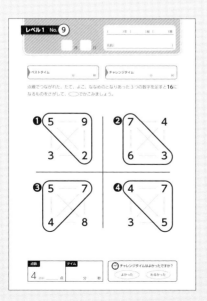
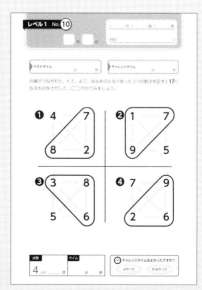

こたえ

レベル2 No.⑪〜⑳

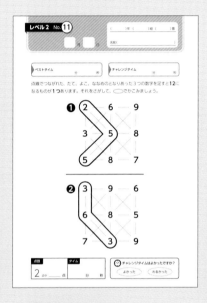
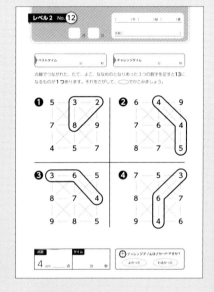
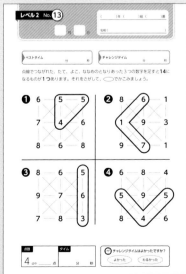
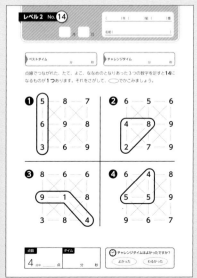

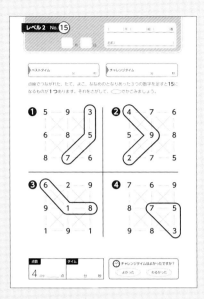
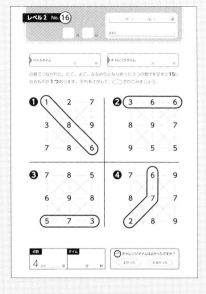
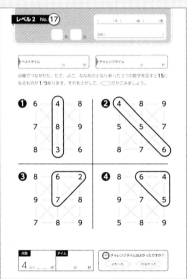
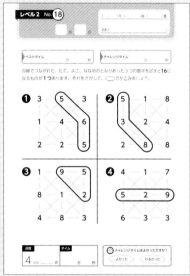
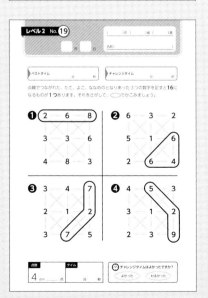
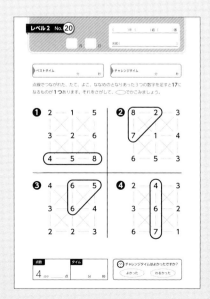

こたえ

レベル3 No.21〜30

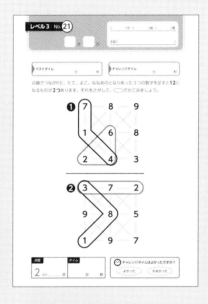
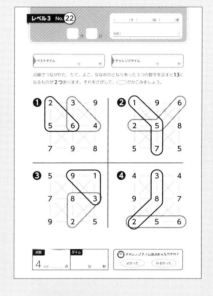
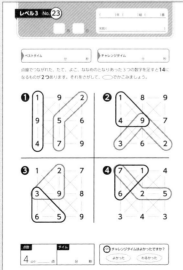
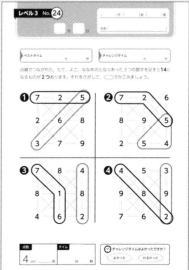

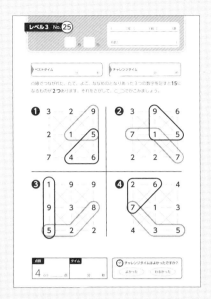
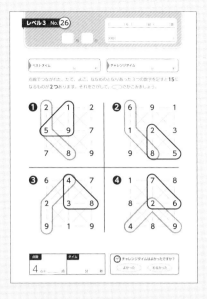
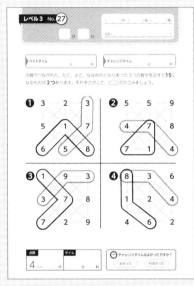
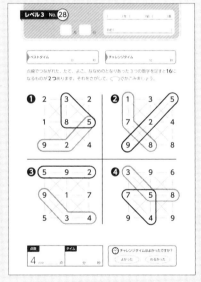
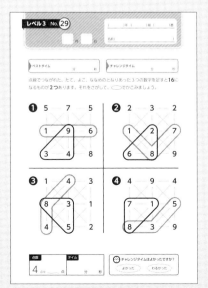
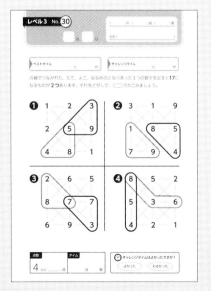

こたえ

レベル4 No.㉛〜㊵

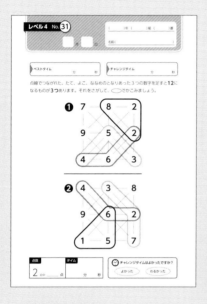
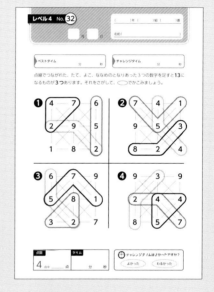
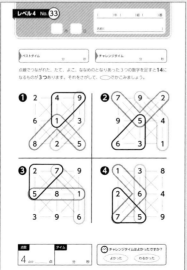
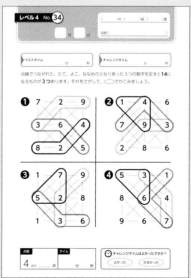

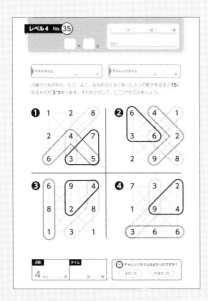
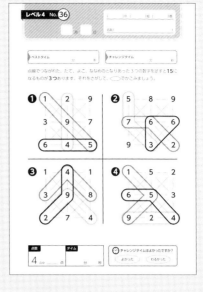
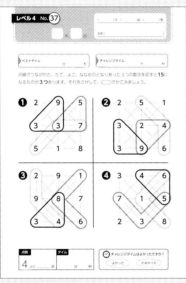
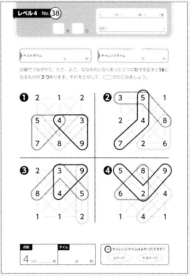
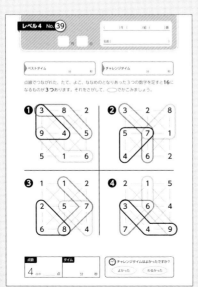
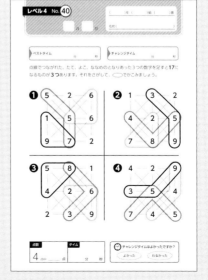

こたえ

レベル5 No.㊶〜㊿

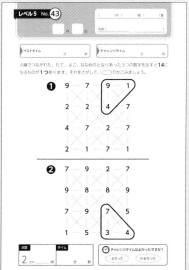

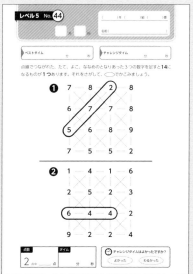

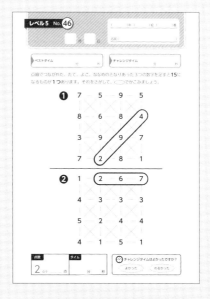
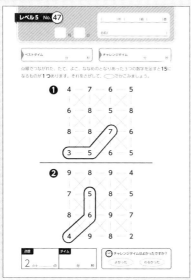
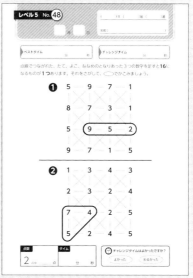
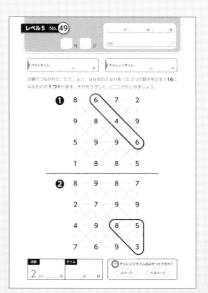
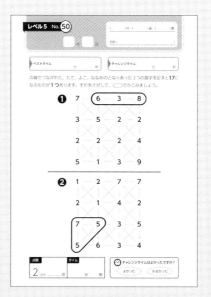

こたえ

レベル6 No.51〜60

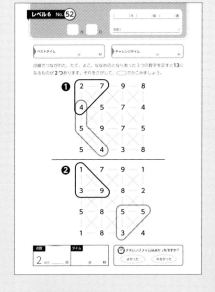
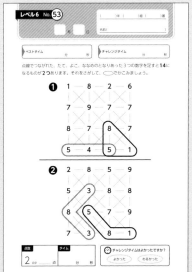
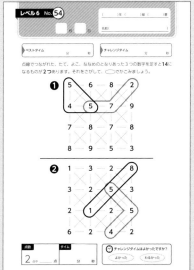

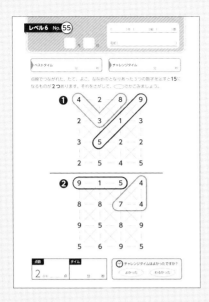
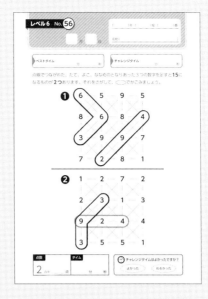
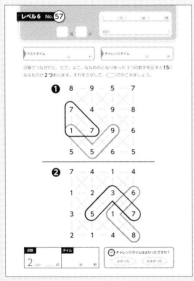
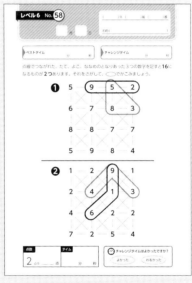
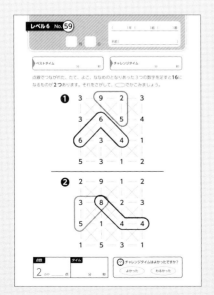
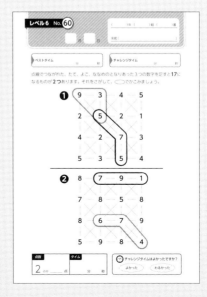

こたえ

チャレンジ問題 A B

〈著者紹介〉

宮口 幸治（みやぐち・こうじ）

　立命館大学産業社会学部・大学院人間科学研究科教授。

　京都大学工学部卒業、建設コンサルタント会社勤務の後、神戸大学医学部医学科卒業。神戸大学医学部附属病院精神神経科、大阪府立精神医療センター・松心園などを勤務の後、法務省宮川医療少年院、交野女子学院医務課長を経て、2016年より現職。

　医学博士、子どものこころ専門医、臨床心理士。児童精神科医として、困っている子どもたちの支援を教育・医療・心理・福祉の観点で行う「コグトレ研究会」を主催し、全国で教員向けに研修を行っている。

　著書に、『教室の「困っている子ども」を支える7つの手がかり』『性の問題行動をもつ子どものためのワークブック』『教室の困っている発達障害をもつ子どもの理解と認知的アプローチ』（以上、明石書店）『不器用な子どもたちへの認知作業トレーニング』『コグトレ みる・きく・想像するための認知機能強化トレーニング』『やさしいコグトレ 認知機能強化トレーニング』（以上、三輪書店）、『子どものやる気をなくす30の過ち』（小学館集英社プロダクション）、『1日5分！教室で使えるコグトレ 困っている子どもを支援する認知トレーニング122』（東洋館出版社）他多数。

〈執筆協力〉

佐藤 友紀　立命館大学大学院人間科学研究科

計算力がぐっと上がる！　頭の回転が速くなる！
もっとコグトレ
さがし算60 中級

2018（平成30）年11月23日　初版第1刷発行
2021（令和3）年10月20日　初版第5刷発行

著　者　　宮口幸治
発行者　　錦織 圭之介
発行所　　株式会社 東洋館出版社
〒113-0021　東京都文京区本駒込5丁目16番7号
営業部　電話 03-3823-9206 ／ FAX 03-3823-9208
編集部　電話 03-3823-9207 ／ FAX 03-3823-9209
振替　00180-7-96823
URL　http://www.toyokan.co.jp
デザイン　　荒木優花（明昌堂）
印刷・製本　藤原印刷株式会社

ISBN 978-4-491-03619-9
Printed in Japan

Searching Calculation 60

計算力がぐっと上がる！頭の回転が速くなる！
もっと コグトレ
さがし算60

児童精神医・医学博士 宮口幸治

コグトレ発
学習プログラム

計算力 & 学習の土台となる力 を高める！

楽しく取り組んで
認知的能力を
高める！

【初級】
B5判　96頁
本体価格 1,000円+税

【中級】
B5判　100頁
本体価格 1,300円+税

【上級】
B5判　100頁
本体価格 1,300円+税

⏱ 1日5分！
教室で使える コグトレ
困っている子どもを支援する 認知トレーニング122

児童精神医・医学博士　宮口幸治　著　B5判　200頁　本体価格 2,000円+税

　学習への取り組み、感情のコントロール、人との接し方……発達障害に限らず、学校で困っている子どもは学習・生活面で共通した課題を持っています。

　そういった子どもたちの課題に、認知面で背景から支援するのが**コグトレ**です。本書では、クラスでコグトレを実施するための**全122ワーク・全158回分**を収録し、一年をかけて子どもを支援していくことができるようになっています。

　困っている子だけでなく、クラス全体でどの子も互いに楽しみながら認知能力を育み、子どもたちの困りを解消していくことができます。もちろん、個別に支援が必要な子どもに特化した使い方も紹介しています。